41道 健康素食
輕松煮

善粮创意料理系列1

【41道健康素食轻松煮】

　　《维摩诘经》言及，在上方众香世界有一佛名号"香积"。香积佛以"闻香"修行，以"香"为饭，众香国诸佛以众香盛满香饭供养大众。后人遂引"香积"之名，与炊煮饮食相关连。

　　静思精舍师父们研发各种健康营养资粮，提供慈济香积志工最佳食材，在急难救助时，为需要的人奉上一碗热食，温暖他们的心。而在日常生活中，香积志工饮食简约节能，运用相同食材发挥创意煮出可口佳肴，体贴家人的胃。《41道健康素食轻松煮》以"善"心美意，推广食的生活资"粮"，期使"善粮创意料理系列1"传达节能减碳护大地的理念；素食、简单吃，营养足够，生活更轻安自在。

【推荐序】

简朴蔬食　健康环保

慈济医疗志业执行长　林俊龙医师

　　健康养生素潮流，简朴环保护地球；清蔬鲜果少盐油，福慧延年更益寿。

　　健康、环保、简朴，是慈济推动素食的基础理念，也符合全球素食界呼吁护生救地球的潮流。

　　茹素健康安身心。正确的素食能降低三高——"高血压、高血糖、高血脂"。身为心脏内科医师，长年探讨心脏血管疾病的预防，发现要预防血管硬化、狭心症、心肌梗塞，需彻底改变生活形式，从饮食、运动、戒烟、戒酒以及适度的休息着手。后来更发现唯有素食，才能真正维护身心健康。自从我茹素之后，肠胃畅通、消化良好，生理机能改善了，再也不用拖着疲惫的脚步勉强完成病房回诊，可以健步如飞，一点也不觉得累。以我的亲身体验，以及对于静思精舍的常住师父、慈济志工们的近身观察，素食不仅有益身体健康，也能清净心灵，安定思绪，有助于心灵的健康。

　　环保护生不杀生。为了供给肉食，畜牧产业蓬勃发展，必须砍伐树林从事大规模畜牧，也需耗用谷类粮食为饲料，更会制造甲烷破坏环境，导致全球温室气体上升、自然资源快速减少等，造成世界各地极端气候灾难频传的恶性循环。回归源头，只要放弃对荤食与口欲的执著，就能抢救地球，何乐而不为？若能食用当令、在地的有机食材，不但减少运输的碳足迹，更能减少化肥、农药的使用，避免受到有毒物质的伤害。

　　简朴烹煮真节能。证严上人近来常开示提醒大家要吃得简单、朴实。除了少油、少盐、避免复杂的调味外，简单烹煮不油炸，还能减少能源的消耗。自从到慈济医院工作之后，我们夫妻几乎都是以慈济医院员工餐厅为最佳选择；若在家用餐，也是以简单的胚芽米饭搭配两样蔬菜一碗汤，就能吃得饱足又健康。近年来，因应急难救助与国际赈灾的需要，精舍师父研发出"香积饭"，一包包干燥后的米饭，搭配干燥蔬菜、调味包，只要使用开水或冷水浸泡短暂时间之后，就能直接食用，节省能源，营养也足够。

　　感恩慈济香积志工以静思生活资粮为本，发挥创意，让读者能在家中轻松地准备简朴又美味的素食料理。《41道健康素食轻松煮》是每个家庭必备的烹饪秘笈，只要依样画葫芦，简朴茹素，就能吃出健康，身心环保。

【出版缘起】
吃出甘甜好滋味

　　简朴环保的生活资粮，能维护生命的健康平安；正知正见的心灵道粮，使慧命清净无染。食物维持生命，智慧维系慧命；为了延续生命以涵养慧命，人们须有健康概念，慎选入口的食物。因此如何吃出健康的好滋味，是很重要的课题。

　　身为一位成功实业家，也是美食家的慈济志工吕慈悦，以前出国时，常追逐着标榜评比第一的美食餐厅，在国内也经常为聚餐而大费周章。但是，积极投入慈济志工行列的她，后来出国洽商时，都自备简便素食。

　　为了让更多人体会素食的好处，她偕同济航师兄等人请示证严上人如何运用静思产品推广素食。上人一再强调精神理念的重要；推广静思人文产品是希望社会大众利用香积饭、面及谷粉等食品在家简单料理；不外食不仅减少杀生、节能减碳，更能增进家人情感。这番谈话促成了2013年8月至9月间，慈济在各社区推动"健康素食创意料理品尝会"，希望大家集思广益，创作简朴素食，吃得安心健康又环保。

在过程中，全台慈济各志业体与社区道场的料理高手们大展身手，呈现出一道道简单却饶富创意的料理。

有慈济志工将香积饭和凤梨碎片放在鲜香菇上焗烤，变成夏威夷野菇派，吃起来爽口味美！还有人把谷粉、莓果干、果仁和香蕉卷成润饼；更有人在红豆饭上覆盖地瓜泥做成了香积马卡龙……众多的创意，有新潮风，也有复古风。在台中，有一对祖孙品尝完料理离开后，孙子又带着奶奶回来，他跟奶奶说："奶奶，这好像你做的古早味。"

慈济志工为推广简便节能素食料理，善巧运用精舍师父所研发的各种食材，提供大众健康饮食新选择。期望透过身体力行"少美食，多简朴；少外食，多家聚；八分饱，多闻法；少口欲，多清净"，带动社会新风气。

吕慈悦同时也表示，以往她常为了午餐要吃什么而烦恼，经常与姊妹们花上好几百元的车资，就只为了吃一顿午餐。过去往返于日本与法国时，也总是赶着前往标榜"第一名"的餐厅。现在出国洽商时，为了方便，都自备爆过姜的苦茶油、面线、香积饭、面等简便的素食，轻安自在地出发。她说："简单地完成一餐，吃得清淡，反而觉得很甘甜！"

清淡的食物甘甜且有益健康，已逐渐成为忙碌的现代人共同的意识。人人都是"香积师"的众多慈济志工，为了推广简易美味素食料理不遗余力，是此书出版的缘起也是成果。这本食谱不仅结集了全台各地参与者的杰出创意，更蕴含着照顾大众健康，兼顾环保的深层理念，期待有心人共同推广。

【编者的话】
善粮食堂　上菜啰！

　　"美食"，也许有神奇的疗愈作用，人们追逐着推陈出新的美食潮流，也怀念传承世代的传统口味。无论人的味蕾感受到什么滋味，内心似乎总埋藏着一个属于自己、无法取代的"幸福味道"；那种味道通常伴随而来的是一股暖暖的感觉，那感觉可能是厨师一个专注的神情，可能是餐桌上传来开朗的笑声，可能是奶奶一声："吃饭啰！"

　　慈济用心在找回这个感觉——找回食物的原味，找回人情的温暖。

　　静思精舍的德晗师父因证严上人的慈悲心而研发的冲泡式"香积饭"，在急难救灾中，发挥了立即饱暖人心的强大力量；在平安时期，则让民众饱暖身心兼顾节能减碳，能有更多时间听闻正法。

而为了让大众吃得健康，精舍师父们精选谷物，以爱心善念制造出各种营养饮品。静思精舍研发出的每一种米饭、每一匙谷粉，都有着照顾家人的用心坚持。

食物愈是简单，愈是能品味出大自然的恩泽。静思精舍用餐力求简单，证严上人的早餐经常只是两片馒头，再加上谷粉豆浆，他已万分欢喜，上人说："一早吃得清净简单，就能吃得饱，又有营养，身体也很轻松，所以觉得很开心。"

于是，慈济志工在2013年8月，这个充满了秋天美食的季节，举办了"健康素食创意料理品尝会"，全台湾慈济志工发挥巧思，以"静思"的食材产品，如魔术般地变出了许多令人耳目一新，甚至是惊奇连连的美味料理，有中式"幸福元气一级莠"汤品、结合香积饭和燕麦薏仁粉的"烤珍珠饭"、层层香积饭搭配素香松和清甜的生菜堆叠成营养美味的"米蛋糕"……

品尝过程中还有来自各领域的专业评审，大伙儿热热闹闹、欢欢喜喜地全面掀起了"简朴素食，环保健康"的料理风潮。"让大家喜欢吃素食，就是要料理简单、好吃又健康。"来自台中参与盛会的游心汝心有体会地说。

一道道五彩缤纷的可口菜肴，一则又一则料理背后的动人故事；"静思"有责任，要让更多人知道，推广素食才能维护身心的健康，表达对天地万物的感恩。于是，促成了这本美味食谱的诞生，书中收录着全台各地志工推荐的四十多道美味又节能减碳的素食创意料理，并由资深摄影志工白昆廷精心拍摄。

"千百年来碗里羹，冤深如海恨难平；欲知世上刀兵劫，但听屠门夜半声。"这是所有身为慈济志工、香积志工最耳熟能详，也最不忍诉说的话，人们永远填不满的，就是"鼻下横"——嘴巴。"静思"以老实修行、贯注全然善念所生产的香积饭、蔬食面、各种谷粉及坚果等，非常讲究品质，提供素食料理绝佳食材。

慈济在找回一个感觉——找回餐桌上的亲情人伦，找回人与天地间的自然和谐。

各位亲爱的读者，饭菜已飘香，上菜啰！

CONTENTS 目录

3 【推荐序】简朴蔬食 健康环保
　　　　　慈济医疗志业执行长　林俊龙医师

4 【出版缘起】吃出甘甜好滋味

6 【编者的话】善粮食堂　上菜啰！

食材篇

〔善粮食材的故事〕

12　少欲知足——从一碗饭做起

14　静思谷粉——处处用心营养加分

15　苦中带甘——麻笋疼惜地球心

Part 2 食谱篇

幸福香积饭

- 19 泡一碗好吃香积饭
- 20 三角饭团
- 22 全麦养生饭卷
- 24 麻芛翡翠烩饭
- 26 米锅贴
- 28 烤珍珠饭
- 30 萝卜糕
- 32 夏威夷野菇派·手卷
- 34 坚果的家园
- 36 翡翠香积饭
- 38 香积泡饭
- 40 豆干素松饭团
- 42 慈悲香积粥
- 44 筒仔米糕
- 46 圆满团圆米蛋糕

欢喜蔬食面

- 49 煮一碗味美好面
- 50 五彩荞麦凉面
- 52 日式沾面
- 54 泰式蔬食酸辣面

56 坚果荞麦凉面

58 番茄蔬菜意大利面

60 果仁番茄冷面

62 麻油鲍菇面

64 意式鲜果荞麦冷面

66 姜黄蔬菜卷

80 谷香珍珠薯

82 五谷翠玉棒

84 香积马卡龙

86 三色养生馒头

88 新鲜芒果布丁

谷香好点心

70 安心千层派

72 可口合心饼

74 五薏果仁香蕉卷

76 吉祥如意糕

77 香甜夹心饼

78 麻笋坚果冻

经典主菜好汤品

92 法式浓汤

94 幸福元气一级莠

96 黄金翡翠煲

98 意式蘑菇浓汤

100 菇菇好彩头汤

102 双菇蔬食拼盘

104 心包太虚南瓜盅

Part 1

食材篇

【善粮食材的故事】

少欲知足 从一碗饭做起

《维摩诘经》：居士托钵，请饭香积如来云："唯愿如来，施少许饭，为娑婆世界作大佛事，诸大弟子闻香积饭，扑鼻芬香。"

慈济最初研发香积饭，是为了在急难时期提供即时粮食救援。在一次冬令发放时，曾有一位奶奶领回白米后，却无力烧柴煮饭，眼看着白米无计可施。证严上人一念悲心起，心想若白米变成冲泡式的干燥饭，奶奶就有一碗饭或粥可以享用。

为了研发这项节能又可饱足的食品，静思精舍德晗师父等一行人至日本技术观摩后，就着水槽边，开始煮饭。精舍师父一次次洗米、煮米、烘干燥饭，不断慢慢调整水分与干燥的时间。德晗师父谨记"勤能补拙"这句话，冲泡饭终于在不知多少次的失败经验累积下研发成功，并由上人取名"香积饭"。

2009年8月7日，中度台风莫拉克重创台湾中南部地区，造成严重灾情。为提供受灾民众所需，静思精舍常住众赶制香积饭，陆续以40英尺货柜（集装箱），连夜送往中南部受灾地区；及至8月20日为止，共送出34吨香积饭及57000多盒冲泡式的"福慧汤品"。

在灾难的时候及时发挥它的功效，香积饭的研发者德晗师父却笑不出来，语重心长地说道："这场灾难，让更多人认识香积饭，却也是我不忍看到的一件事。宁愿在太平时刻，让大家知道香积饭的可口与方便……"

现今香积饭已广泛被运用在大众的生活上，举凡每日的饮食、大型活动的餐点、登山、出国时都常见使用。静思精舍所研发的香积饭，平时干燥如颗粒状，但是用开水浸泡，20分钟后就能食用；只要烧开水，也无须动用其他炊具，很快就能供应多人饮食。除此之外，食用简易的香积饭可以省水、省时间、省人力，更能节约减碳。

我们每个人如果能每天一餐香积饭，身体就能零负担；每天一餐，身心皆简单，无为无欲清净又轻安。

证严上人希望大家从细细品尝香积饭，同时品味到饭香、道香、法香，更能散发出自己的德香。

【善粮食材的故事】

静思谷粉
处处用心营养加分

　　二十多年前，一位营养专家有感于证严上人"为佛教、为众生"日日忙碌，希望能让上人更强健，净化更多众生的心，于是教导精舍常住众（注1）将多种谷类膨发、磨粉及混合后，冲泡成美味又营养的饮品。

　　1983年，常住众在花莲志工的协助下开始学做谷粉，当时精舍制作的谷粉，含有十种谷物，称为"豆元粉"。在制作前必须经历：谷物彻底清洗、沥干、晒豆、收豆等过程。晴天时，晒豆的工作必须从清晨持续到太阳下山，豆子晒过或烘干之后再经过机器"爆粉"。鉴于其营养丰富，不仅增强抵抗力，也能增益肠胃功能，遂萌念与大众分享。豆元粉经谨慎研发、不断改善，于1985年开始流通，是静思精舍深富历史传统与意义的自制食品。

　　直到2003年，为了多元营养及健康诉求潮流，豆元粉有了全新配方，自此多种既营养又美味的谷粉（注2），开始在静思书轩及静思小筑全面性推广。用"照顾家人的心"制造生产，静思谷粉不仅卫生、安全、营养且健康，其中，"二十二味五谷粉"更是严选多种天然谷物食材精心制成。

　　每一包谷粉的背后都有一份对修行的坚持与善念。静思精舍师父们细心地筛选不够优质的谷物："我们把不好的挑出来；希望造福人群，希望大家吃得更健康。这样的时间花得很值得，修行就是要修这颗心，时时存善念。"还有一位师父曾说明，炒完豆子放冷后马上就要再炒下一锅，时间很紧迫："在炒豆时，给我最大的体

悟就是把握当下。那个当下是非常迅速的,而且是用心在当下。"

　　一念修行的坚持,一念对大众的爱,静思精舍常住众严选天然谷物食材,用照顾家人的心,制作出富含营养与祝福的静思谷粉。

　　无论春夏秋冬,不计晨朝午晚,静思谷粉随冲随饮,十分简便;还可应用做成馒头、包子、煎饼、饼干等食品,或掺和果汁、鲜乳、豆浆等冲泡,或制成抹酱、酱料,都非常适宜作为现代人的营养补充,让每一天、每一时刻都能精神饱满地为生活努力、为大众付出!

注1:住在静思精舍,过着清苦修行生活的出家、在家二众弟子。

注2:静思谷类冲泡粉种类:山药薏仁粉、二十二味五谷粉、薏豆粉、原味薏仁粉、麻芛薏仁粉、燕麦薏仁粉、糙米麸等。

【善粮食材的故事】

苦中带甘
麻芛疼惜地球心

　　在静思精舍的菜园一角,深绿色的黄麻茂盛地生长着。它的嫩芽被称为麻芛,又写为麻薏,盛产于夏季,在台湾中部地区常被用来煮汤。静思精舍师父们用心采下黄麻的嫩叶,经过捡、搓、揉、洗四步骤去除苦味,制作成麻芛纯粉以及麻芛薏仁谷粉。麻芛加水饮用,飘出芬

芳青草香气,喝起来像冲淡的绿茶,还带着入口回甘的特殊滋味。

而麻芛饮料的背后还有一份疼惜地球的心念。证严上人频频呼吁世人要让地球母亲有养息的机会,尤其面临天灾频传,地球暖化日益严重之际,并期待大家一起推广有机农耕,"现在的大环境与农耕习惯已经不同,人们不断在大地之母身上取用资源,因此造成四大不调的生态环境。此时此际,应让大地之母有休养生息、补充体力的机会。"

承接着这份使命,慈济基金会在全台各地展开有机农耕的推动;静思精舍的常住众也更积极地规划着精舍菜园的耕作,除了原有的日常蔬菜外,又陆续增加了富含高度营养价值的麻芛及姜黄等作物,期盼带动有机农耕。

麻芛富含胡萝卜素、维生素B1及B2、钙、钾、铁等提升免疫力的营养成分。台湾中部某知名大学健康管理学院研究发现,麻芛所含的多元酚,清除自由基的功能是维生素C的七倍,维生素E的五倍,具抗癌功效。它的综合益处包括健脾益胃保健滋养,促进代谢滋润皮肤,清热消暑预防中暑或是疲劳气虚,更能预防心血管疾病。

精舍师父们将麻芛制成麻芛粉、麻芛薏仁粉,冲泡豆浆或是白开水都能成为香气四溢的饮料,它也被制造成脆薄、略带咸香的麻芛饼干。也有人透过创意将麻芛粉加入面粉团,做成口味特殊的麻芛煎饼。一念善意的研发不仅护大地,也照顾大众健康,疼惜的心蕴藏在每一匙的麻芛粉中。

Part 2

食谱篇

幸福香积饭

泡一碗好吃香积饭

静思香积饭系列产品

香醇咖喱、金黄甜玉米、清甜香笋、综合蔬菜、红豆糙米、沙茶海带芽糙米等口味

每一大袋香积饭含干燥饭、调味包和干燥蔬菜包各5包，共5份食材。

美味加分

1. 炉火烹煮：将干燥饭、蔬菜包、调味包撕开后放入器皿中，加水120毫升边煮边搅拌至沸腾，熄火再焖5分钟，即可食用。
2. 依个人喜好调配沸水量，焖泡10分钟，即是美味可口的方便粥。
3. 冷开水亦可冲泡，时间约50分钟。
4. 干燥饭与蔬菜包可分开冲泡，即成白饭与汤。

1. 在碗中倒入约120毫升热开水。

2. 倒入调味包，搅拌均匀使溶于水。

3. 再倒入蔬菜包和干燥饭包，再次充分搅拌。

4. 让米饭与蔬菜料都泡到热开水里。

5. 盖上碗盖，静置20分钟，打开搅拌后即可食用。

6. 也可以不使用调味包及蔬菜包，以相同方式焖泡干燥饭，即成一碗白饭。

三角饭团

材料 / 4 人份

沙茶海带芽糙米香积饭 ……………………………… 4份
（含4小包干燥饭、调味包、蔬菜包）
燕麦薏仁粉 …………………… 4汤匙
萝卜干 ………………………… 1小碗
干香菇 ………………………… 3朵
味噌 …………………………… 1茶匙
热开水 ………………………… 960毫升

调味料

油 ……………………………… 少许
酱油 …………………………… 少许
胡椒粉 ………………………… 少许
黑芝麻 ………………………… 少许

做法

1. 将4小包香积干燥饭、2包调味料（多寡依个人口味）倒入锅中拌匀。用热开水480毫升冲泡后加盖，焖15至20分钟（时间依个人对米饭的软硬喜好）。
2. 萝卜干和泡软的香菇切细，加少许油以中火爆香，再加少许酱油、胡椒粉，制成馅料。
3. 将【做法❶】料加入燕麦薏仁粉拌匀后，取出放手掌压平。在中间包入【做法❷】的馅料，捏成三角形，两面撒上黑芝麻。
4. 取四个碗。在每碗中放1/4茶匙味噌，加少许水搅拌均匀后，倒入一包内附的海带芽蔬菜包，再注入120毫升开水，即成美味素汤。

主厨分享

一份香积饭两吃，可做成饭团又可将随包所附的蔬菜包冲泡做成汤，一举两得，省时又健康。

料理提供 林怀瑜

全麦养生饭卷

材料 / 4 人份

香积饭⋯⋯⋯⋯⋯⋯2份
全麦饼皮⋯⋯⋯⋯⋯⋯4张
海苔片⋯⋯⋯⋯⋯⋯4片
小黄瓜⋯⋯⋯⋯⋯⋯2条
红萝卜⋯⋯⋯⋯⋯⋯1条
素香松⋯⋯⋯⋯⋯⋯适量
生机果仁⋯⋯⋯⋯⋯⋯适量

做法

❶ 香积饭依使用步骤冲泡、焖熟放凉。

❷ 小黄瓜、红萝卜切约1厘米长条状,加少许盐和糖搓揉拌匀,静置10分钟后备用。

❸ 生机果仁用果汁机打成小颗粒状备用。

❹ 取一个大盘子,在盘上铺上全麦饼皮,再铺海苔片,接着将香积饭铺在海苔上,再放上【做法❷】小黄瓜条、红萝卜条和素香松,接着将饼皮卷起并捏紧成条状。最后再将饭卷切小段、摆盘即可。

调味料

盐⋯⋯⋯⋯⋯⋯少许
糖⋯⋯⋯⋯⋯⋯少许

主厨分享

这道养生饭卷不用烹煮,花少许时间就能吃得饱又兼顾营养。可依节令更换自己喜爱的蔬菜,像芦笋、茭白笋等等,用汆烫的方式即可。

料理提供 魏娟娟

麻荠翡翠烩饭

 材料 / 1 人份

香积饭······················1份
（1小包干燥白饭）
地瓜叶（只要叶子）····1小把

 做法

❶ 先用 120 毫升的热开水将香积干燥白饭依使用步骤冲泡、焖熟备用。

❷ 洗好地瓜叶。煮沸一锅水，加入 1 茶匙盐与一点油，汆烫地瓜叶后捞起。

❸ 用冷水冲一下地瓜叶以保住菜叶的鲜绿色泽。接着，挤干地瓜叶的水分并切碎。

❹ 汤锅里放入半碗水、半茶匙盐与昆布粉后加热到水滚，再放入【做法 ❸】的地瓜叶以及半茶匙麻荠粉并且搅拌均匀。最后，将玉米粉加水后，淋入汤锅内勾芡，就成了麻荠地瓜叶酱汁，再浇在香积白饭上即可。

 调味料

盐·······················1/2 茶匙
油························少许
昆布粉··················1/2 茶匙
麻荠纯粉················1/2 茶匙
玉米粉···················1 茶匙

主厨分享

相同的步骤，将地瓜叶换成苋菜即可制成麻荠烩饭苋菜酱。将两种酱汁分别淋在饭上，就成了两种口味的麻荠烩饭。这两种酱汁也可以用来当做食物蘸酱。

料理提供 刘富子

麻芛翡翠烩饭

米锅贴

材料 / 4 人份

香积饭 ······················· 1份
（含干燥白饭和蔬菜包各一，调味包不用）
瓠瓜丁 ·········· 1/2碗（150克）
胡椒粉 ······················· 1茶匙
水饺皮 ·········· 150克（约23张）
面粉水（面粉1：水4）······ 1碗
热开水 ······················· 120毫升

调味料

盐 ····························· 少许
香油 ··························· 少许
胡椒粉 ························ 少许

酱汁

泰式酸辣粉 ··················· 1汤匙
葡萄柚汁 ····················· 100毫升
柠檬汁 ························ 50毫升
冷压橄榄油 ··················· 1汤匙
白芝麻 ························ 1汤匙

做法

1. 香积饭用120毫升热开水冲泡，加盖焖20分钟。
2. 用少许盐将瓠瓜丁抓软、挤干水分后，拌入【做法 ❶】的香积饭中，再加入胡椒粉、香油拌匀，做成馅料。
3. 用水饺皮包【做法 ❷】馅料，包成锅贴状。
4. 平底锅抹少许油，放入锅贴。煎至微焦后注入面粉水，盖好锅盖，以小火先煎7~8分钟，再以大火煎至收汁即可盛盘。
5. 食用时搭配蘸酱。

主厨分享

将香积饭变成锅贴，除了样式上的变化外，也做出了另一种口味。这一道纯天然健康素食，不加任何素料，瓠瓜亦可用丝瓜代替。

料理提供 吴阿梅

米锅贴

烤珍珠饭

 ### 材料 / 4 人份

香积饭（金黄甜玉米或其他口味）········3份，可做成12片
燕麦薏仁粉··················100克
白芝麻······················少许
热开水····················360毫升
香菜·······················少许

 ### 做法

① 依使用步骤冲泡、焖熟香积饭。
② 将燕麦薏仁粉拌入【做法 ①】，先捏成饭团形状，接着涂上香菇素蚝油及橄榄油，再撒上白芝麻。
③ 放入烤箱烤 15 分钟，上下火皆 180 度。
④ 自烤箱取出，摆上香菜即可上桌。

 ### 调味料

香菇素蚝油··················少许
橄榄油······················少许

 ### 主厨分享

珍珠饭除了用烤箱烤之外，也可以用煎的方式。动动脑可以变化出不同的好吃料理，让人吃得安心健康，自己也很欢喜。

料理提供 谢梅妹

萝卜糕

材料 / 4 人份

香积饭	2份
（2 包干燥白饭和 1 包调味包，不需干燥蔬菜包）	
白萝卜	300克
干香菇	中朵2朵
黏米粉	1汤匙
水	200毫升
面粉	少许

做法

1. 先将干香菇泡软。再将泡软的香菇、白萝卜刨成丝。油锅倒入少许油，将香菇丝爆香，再加入萝卜丝拌炒。
2. 萝卜丝炒软后，加入约 200 毫升水煮沸，再放入干燥的香积饭、调味包、冬菜调理粉，以中火拌炒至干燥饭软 Q，最后用黏米粉勾芡。
3. 取一方形容器，以大块棉布铺底，将完成的【做法 ❷】倒入容器中，再将四边多余的布包覆其上，并静置放凉。
4. 萝卜糕自容器取出，切成小块，两面沾点面粉，用平底锅煎至金黄色即可。
5. 用新鲜蔬菜摆盘装饰，增添美感。

调味料

蔬食料理粉（冬菜口味）	1汤匙
食用油	少许

主厨分享

慈济志工在四川洛水赈灾时，突发奇想的创意却深获当地居民及志工们的喜爱。尔后，在慈济活动后因香积饭有剩余，加入香菇、萝卜丝及调理粉后变成萝卜糕，不仅口感独特，又可避免食材浪费。

料理提供 郑阿绵

萝卜糕

夏威夷野菇派·手卷

 ### 材料 / 4 人份

香积饭	3份
（仅用干燥白饭）	
鲜香菇	2大朵
凤梨片	2片
海苔	1片
萝蔓叶（或生菜）	1~2片
豌豆苗	1小把
芦笋	1~2根
红、黄椒丝	半碗
鸿喜菇	少许
生机果仁	少许
素香松	1汤匙

 ### 做法

A 夏威夷野菇派

1. 鲜香菇煎熟或用卤汁卤到入味，凤梨片切成小碎片备用。
2. 用 120 毫升热开水泡开 1 包香积饭，撒上黑胡椒粉与凤梨碎片。
3. 将【做法 ❷】调味好的香积饭放在【做法 ❶】鲜香菇内即可享用。也可以撒上奶酪粉，再放进烤箱，做成焗烤派。

B 手卷

1. 用 240 毫升热开水泡开 2 包香积饭，再撒上黑胡椒粉与凤梨碎片。
2. 将一片海苔剪成方形后，卷成甜筒状，先放入一片罗蔓叶，再加入调味好的香积饭，接着加入豌豆苗、芦笋、彩椒、鸿喜菇，最后撒上生机果仁、素香松。

调味料

胡椒粉	少许
奶酪粉	少许

主厨分享

野菇派的创意来自夏威夷炒饭。白饭较干，所以加上黑胡椒粉和凤梨碎片，搭配煎熟或是卤味过的香菇，口味更能吸引年轻人。

料理提供 王静慧

夏威夷野菇派・手卷

坚果的家园

材料 / 4 人份

香积饭（综合蔬菜口味）
·······················4份
（使用内附 4 包干燥白饭，4 包干燥蔬菜包，及 2.5 包调味包）

牛蒡纯粉······················2汤匙

生机果仁（综合）··········适量

枸杞············少许（增色用）

热开水······················480毫升

做法

1. 将 4 小包干燥白饭与 2.5 包调味包在大碗中搅拌均匀，再加入 480 毫升沸水后，盖上碗盖静置 20 分钟。
2. 加入牛蒡粉搅拌均匀，放进模型或小碗压平，再倒扣在盘子上。
3. 在成品上撒上综合生机果仁、枸杞即可。

主厨分享

香积饭做饭团比较无黏稠度，后来尝试加入牛蒡粉，发现效果不错，可增加黏度，再加上杏仁果、腰果等，既健康又可口。大颗的果仁，如腰果、夏威夷果等，可先切碎或放入果汁机空搅约 3 秒钟使果仁略碎，易于入口。

料理提供 赵彩莲

坚果的家园

翡翠香积饭

 材料 / 4 人份

香积饭·····················4 份
（金黄甜玉米或综合蔬菜口味）

香椿叶··········10多片小型叶

 做法

❶ 用大约 500 毫升的热开水冲泡 4 份香积饭的调味包、干燥蔬菜包与干燥饭，充分搅拌后加盖，再静置 20 分钟。

❷ 洗净香椿叶，去除香椿叶硬梗，再切碎备用。

❸ 将切碎的香椿叶，快速加入香积饭内，趁热拌均匀后装盘即可。或可用模型做成圆形饭团。

主厨分享

香椿普遍种植于庭园中，不仅色鲜味美，而且营养丰富。素食餐馆中，香椿炒饭更受到大众喜爱。不妨利用空档将切碎的香椿叶装罐冷冻保存。在忙碌的工作或勤务中，泡一碗香积饭加入一小匙香椿，即可享用，简单实惠又省时。

料理提供 萧素花

翡翠香积饭

香积泡饭

 材料 / 1 人份

香积饭（不限口味）
............1份（仅用干燥白饭）

茭白笋.....................1支

油豆腐或素肉.................2块

新鲜香菇....................1朵

红萝卜.....................1小块

金针菇....................1小把

 做法

❶ 蔬菜洗净、红萝卜切片备用。

❷ 将干燥饭、蔬菜、油豆腐、新鲜香菇、红萝卜片、金针菇和500毫升的水放入电饭锅的内锅蒸。

❸ 食材蒸熟后，加入少许的冬菜粉，搅拌均匀即可。

 调味料

蔬食料理粉（冬菜口味）
........................少许

主厨分享
这道香积泡饭清爽可口，是大家随手就可以做的正餐或点心。不须动用炉具，只花15分钟即可完成。来一碗热乎乎的香积泡饭，全身都温暖了起来。

料理提供 王静慧

豆干素松饭团

材料 / 1 人份

香积饭‥2份（仅用干燥白饭）
素燥…………20克（可自制）
炒豆干丝………………10克
榨菜丝…………………10克
素香松…………………30克
生机果仁………………少许

做法

❶ 依冲泡步骤，以240毫升的热开水泡熟香积饭，稍微放凉后备用。
❷ 用刨丝器将豆干刨成丝后，放入油锅炒。加入盐和少许胡椒粉即成炒豆干丝，备用。
❸ 把放凉的香积饭放入透明塑胶袋内，将塑胶袋口撑开，让香积饭平铺在塑胶袋底部，再将素燥、豆干丝、榨菜丝、素香松与果仁放在香积饭中央。
❹ 双手捧起塑胶袋，让香积饭包住食材，呈现包子形状。
❺ 再用寿司竹帘将饭团紧卷成长条状即可。

调味料

油………………………少许
盐………………………少许
胡椒粉…………………少许

主厨分享

这道香积饭团用的是很方便取得的食材，大家也可以变换其他食料，例如以花生取代果仁。

料理提供 王静慧

豆干素松饭团

慈悲香积粥

材料 / 4 人份

香积饭（任何口味）………4份
红白汤圆…………………数颗
芹菜粒……………………少量

做法

❶ 锅中倒入约 2000 毫升的水后，加入干燥白饭、调味包和干燥蔬菜包各 4 小包，待水滚后再加上锅盖焖数分钟。

❷ 另煮一锅水，水滚之后将汤圆放入，待汤圆浮上来后，捞起来即可。

❸ 把煮好的汤圆放入【做法 ❶】的香积粥中即完成。偏爱重口味的人可以加一点点盐与冬菜粉，也可以加入胡椒粉与芹菜粒。

调味料

盐……………………………少许
蔬食料理粉（冬菜口味）
……………………………少量
胡椒粉………………………少许

主厨分享

这道香积粥可以做主食，也可以当点心。要提醒的是，如果只煮一小包香积饭就加入四碗水，味道如果过于清淡，可以在煮好后尝一下味道，如果太淡再加入盐与冬菜粉。

料理提供 刘富子

筒仔米糕

 ### 材料 / 1 人份

香积饭……1份（仅用干燥白饭）
素燥……………………2汤匙
素香松…………………1汤匙
香菜或碗豆苗……………少许
食用油……………………少许

 ### 做法

❶ 用 120 毫升的热开水泡开香积饭备用。另外取一个桶状杯并在杯内抹上些许食用油。

❷ 在杯底部填入 2 汤匙素燥，再取【做法❶】的适量白饭放入，并且用汤匙用力压紧与压平，接着将容器倒扣于餐盘上，最后撒上素香松或再撒上香菜即可。

主厨分享

素燥也可以自己动手做，可拌饭、面或淋在烫青菜上。

材　料：干素碎肉 3 两、香菇末浇头半碗（香菇切末爆香加上适量的酱油及水调味）、榨菜末 1/3 碗、香椿酱 1 汤匙、水 2 碗

调味料：酱油半碗、油半碗

做法

❶ 干素碎肉泡水，使其软化。

❷ 油锅倒入半碗油，爆香香椿酱，倒入酱油半碗、水 2 碗煮开，再倒入香菇末浇头与榨菜末煮开即可。

料理提供 王静慧

筒仔米糕

圆满团圆米蛋糕

材料 / 4人份

香积饭⋯⋯⋯⋯1大袋（5份）
（任何口味均可，仅用到干燥白饭）

腌黄萝卜⋯⋯⋯⋯⋯⋯半条

柠檬水⋯⋯⋯⋯⋯⋯⋯少许

紫甘蓝⋯⋯⋯⋯⋯⋯⋯1/4颗

莴苣⋯⋯⋯⋯⋯⋯⋯⋯1/4颗

素香松⋯⋯⋯⋯⋯⋯⋯2汤匙

沙拉酱⋯⋯⋯⋯⋯⋯⋯1汤匙

食用油⋯⋯⋯⋯⋯⋯⋯少许

8寸圆形蛋糕模具⋯⋯⋯一个

做法

1. 先以些许食用油、开水或柠檬水抹在蛋糕模具内侧。
2. 大约600毫升的热开水焖熟香积饭。将腌黄萝卜、紫高丽菜和莴苣切丝备用。
3. 在蛋糕模具内铺上大约1公分高的香积饭后，放上醃黄萝卜丝，再用沾了水的饭勺压平。
4. 接着铺上第二层的香积饭，压平后再撒上素香松和紫甘蓝。
5. 再加入第三层香积饭，抹上美乃滋，撒上素香松后，铺上莴苣丝。最后，用饭勺蘸水压平蛋糕，就可将米蛋糕脱模并切块享用。

主厨分享

将米蛋糕切成三角形，即为香积饭三明治。用香积饭取代面包，特制成低卡、高纤的三明治，洋溢出满满的幸福口感。

料理提供 刘富子

圆满团圆米蛋糕　47

欢喜蔬食面

运用香积饭、蔬食面准备三餐,节省花费、省水电、煤气,减少碳足迹!多一点巧思,中式、日式、泰式、意式饭面,在家就能享用健康佳肴!

静思蔬食面系列产品

荞麦、南瓜、番茄、五谷、姜黄

每包姜黄蔬食面内装5束面条,其他种类每包内装12束面条。

美味加分

忙碌的现代社会,许多家庭三餐都不在家里开伙,到外面购买饭菜或是上馆子用餐,花费多又产生大量厨余。如果多运用简便的食材例如香积饭、蔬食面准备三餐,不仅节省家庭花费也减少碳足迹,并且节省水电、煤气等能源,真正做到节能减碳!

只要用一点巧思,添加一点食材和调味,面不再只是一碗清汤面。中式、日式、泰式、意式面食,涵盖凉面、冷面、酸辣面、麻油面等,在家就能享用健康佳肴。

煮一碗味美好面

1. 在适量滚开水中加入面条,以大火煮约3分钟后熄火。
2. 依个人对面条软硬度喜爱,加盖焖2~3分钟即可食用。
3. 依照季节,可作凉面或是热汤面的变化。

五彩荞麦凉面

材料 / 4 人份

荞麦蔬食面	2束
木耳	3大朵
小黄瓜	2条
红、黄甜椒	各2颗
生机果仁碎粒	少许
橄榄油	少量

做法

1. 荞麦面煮熟、捞起，用橄榄油拌开备用。木耳切丝汆烫，小黄瓜与红、黄甜椒切丝备用。
2. 取一容器，将调味酱料搅拌均匀备用。
3. 荞麦面装盘后，将木耳丝、小黄瓜丝、红黄甜椒丝铺在面条上，再淋上【做法❷】，最后撒上果仁碎粒。

调味酱汁

白酱油	3汤匙
白醋	2汤匙
黑醋	2汤匙
麻油	2汤匙
香油	2汤匙
芝麻酱	2汤匙
糖	2汤匙

主厨分享

这道凉面食材简单、少烹饪，色香味俱全。在夏天享用这道凉面非常爽口，而且做凉面很方便，大家在享用时可以依照自己的口味调整酱料的比例。

料理提供 倪锦桂

五彩荞麦凉面

日式沾面

 材料 / 4 人份

五谷蔬食面……………………2束

海带芽…………………………少许

海带丝或海苔片………………少许

宽型干海带（昆布）…5公分

 做法

❶ 面条煮熟后，用冷开水浸泡一下，捞起面条后盛盘，再撒上海带丝或是剪成丝的海苔片。

❷ 汤锅中加入2到3杯水，加入剪成小块的干海带，煮5分钟后将干海带夹起来；再在锅内加入2杯水与薄盐酱油或是昆布酱油，并且撒上芝麻，就完成了面的沾酱。

❸ 清洗海带芽4到5次，再以冷开水浸泡10分钟后，切成3到5公分长度，再淋上素蚝油与香油，就是搭配日式沾面的小菜。

 调味料

薄盐酱油………………………适量

白芝麻…………………………少许

素蚝油…………………………适量

香油……………………………适量

主厨分享

这是一道快速、营养又可口的餐点，很适合在百忙中填饱肚子又不失营养，但必须具备基本的配备——家中随时备有静思面条、酱油，即可饱餐一顿喔！

料理提供 林幸妙

泰式蔬食酸辣面

材料 / 4 人份

荞麦蔬食面⋯⋯⋯⋯⋯2束
干香菇⋯⋯⋯⋯⋯⋯⋯2大朵
青江菜⋯⋯⋯⋯⋯⋯⋯2把
猴头菇⋯⋯⋯⋯⋯⋯⋯2朵
红萝卜⋯⋯⋯⋯⋯⋯⋯1小条
姜⋯⋯⋯⋯⋯⋯⋯⋯⋯少许
酸菜⋯⋯⋯⋯⋯⋯⋯⋯少许
香菜⋯⋯⋯⋯⋯⋯⋯⋯少许
九层塔⋯⋯⋯⋯⋯⋯⋯少许

做法

1. 将红萝卜、猴头菇切中块后汆烫,待食材稍软后捞起,切成小块;另外将泡软的香菇切成中块,姜切丝备用。
2. 在锅内放少许油,用中火爆香姜丝,加入香菇稍微炒过后,再加入红萝卜、猴头菇、酸菜以及泰式酸辣粉拌炒均匀。
3. 在锅内加入适量水,盖上锅盖,用小火焖煮3~5分钟让食材更加入味。最后加入青江菜、九层塔与香菜。
4. 将荞麦面煮熟后,再加入煮好的酸辣汤【做法 3】内即可。

调味料

泰式酸辣粉⋯⋯⋯⋯⋯4汤匙
食用油⋯⋯⋯⋯⋯⋯⋯1茶匙
盐⋯⋯⋯⋯⋯⋯⋯⋯⋯少许

主厨分享

台湾人很习惯见到人就问吃饱没,很喜欢人家吃得开心,尤其在彰化。常有人说吃素没有味道,所以做这道口味很浓郁的酸辣面,希望鼓励大家来吃素。静思人文研发的泰式酸辣粉购买方便,食材可依个人喜好更换或添加,青菜亦可采用当季蔬菜。

料理提供 杨美月

坚果荞麦凉面

 材料 / 4 人份

荞麦面/番茄面 ············ 各1束
红萝卜 ···················· 1/3条
小黄瓜 ···················· 1条
生机果仁 ···················· 适量

 做法

❶ 将面煮熟，浸泡冷水后捞起，沥干水分后盛盘。坚果用果汁机打碎备用。
❷ 将红萝卜与小黄瓜洗净切丝，铺在面条上。
❸ 饭碗内倒入五谷粉，加水调匀后，再加入酱油膏与适量的辣油。
❹ 将调好的酱汁淋在面条上，再撒上坚果即可。

 调味酱汁

有糖五谷粉 ······ 60克（2小包）
酱油膏 ···················· 2汤匙
辣油 ······················· 适量

主厨分享
若家中没有果汁机，也可以将坚果放在塑胶袋中，用擀面杖捣碎。为增加美感增进食欲，可将面条卷成束状。除了荞麦面、番茄面，其他如五谷面或南瓜面也很适合制作这道营养凉面。

料理提供 叶宥伶

番茄蔬菜意大利面

 材料 / 4 人份

- 荞麦蔬食面 …………… 2束
- 新鲜洋菇 ……………… 8粒
- 马铃薯 ………………… 1颗
- 香菇 …………………… 8朵
- 素火腿 ………………… 1/10条
- 面肠 …………………… 少许
- 红萝卜丁、玉米粒 …… 少许
- 绿色花椰菜 …………… 数朵
- 生机果仁（果汁机打碎）…少量
- 橄榄油 ………………… 少量

 做法

1. 绿色花椰菜烫熟后冰镇备用。
2. 将马铃薯、香菇、面肠与素火腿切丁后，放入油锅炒。加入6杯水，以大火煮至水滚再转为小火续煮30分钟。
3. 加入红萝卜丁、玉米粒、意大利面酱、番茄酱与牛蒡粉，再煮30分钟。
4. 将洋菇切成丁状，汆烫后，加入【做法 ❸】酱料内，即完成酱汁。
5. 煮熟荞麦面，浸泡冷水后捞起，再加入橄榄油拌开面条，即可盛盘。最后，在面条上淋上酱汁，撒上生机果仁粒，再将绿色花椰菜摆盘即可。

 调味酱汁

- 意大利面酱（蘑菇口味）…2汤匙
- 番茄酱 ………………… 4汤匙
- 牛蒡纯粉 ……………… 1汤匙
- 水 ……………………… 6杯（量米杯）

主厨分享
酱料可一次多做一些，用来拌饭也很可口，营养又具饱足感。

料理提供 林陈阿桃

番茄蔬菜意大利面

果仁番茄冷面

材料 / 4 人份

番茄蔬食面	2束
生机果仁	1包
豆苗	适量
豆芽菜	适量

做法

1. 将番茄面煮熟后捞起，泡一下冷开水备用。
2. 在碗内将橄榄油、海盐和葡萄酒醋搅拌均匀备用。
3. 将面条与【做法 2】酱汁拌均匀，撒上迷迭香和薰衣草香料。
4. 用筷子将面条卷成灯的造型置于餐盘上，再撒上生机果仁及汆烫好的豆苗，并在面卷灯中间插入汆烫好的豆芽菜。

（若是家中有爱心形状蛋糕模具，也可以将卷好的面条放置于模具内塑形，再取出模具）

调味料

橄榄油	1汤匙
海盐	1/4茶匙
葡萄酒醋	1汤匙
迷迭香香料	适量
薰衣草香料	适量

主厨分享

在喂食时，都会将面条卷起来方便孩子吃，就想到将调味好的面卷起来可以做成灯的形状，象征点燃自己内心的心灯，灯灯相续。这道料理的食材都是有益健康的天然食物，而且很容易取得。

料理提供 刘林清月、李芬莲

果仁番茄冷面

麻油鲍菇面

 材料 / 4 人份

南瓜蔬食面……………………2束
杏鲍菇…………………………2朵
青江菜…………………………3棵
老姜……………………………半块
水………………………………适量
红椒……………………………少许

 做法

❶ 将杏鲍菇切交叉花状,老姜切块拍碎,并且将青江菜切段备用。
❷ 在锅内加入麻油、杏鲍菇及老姜,用小火炒香后,加入适量水再煮10分钟。
❸ 南瓜面煮熟、捞起,加入冬菜粉拌均匀,接着再汆烫青江菜。
❹ 在餐盘内铺上杏鲍菇和青江菜,放上一团团【做法❸】调味好的南瓜面,再用青江菜和红椒作装饰,最后再淋上【做法❷】的麻油汤汁。

 调味料

蔬食料理粉(冬菜口味)… 1茶匙
胡麻油……………………200克

主厨分享

在夏天时,大家吃了很多属性较寒的食物;气候转冷,我们就可以用老姜做食材。烹煮食物顺着时节,也怀着感恩天地的心念,所以我另外为这道面取名为"敬天爱地麻油面"。若想增加食物的美味,可依个人的喜好添加姜汁和不同种类的蔬菜。

料理提供 简丽香

麻油鲍菇面 63

意式鲜果荞麦冷面

材料 / 4 人份

荞麦蔬食面	2束
番茄	1又1/2颗
苹果	1颗
水梨	1/2颗
猕猴桃	1颗
葡萄	1把
生机果仁	少许
薄荷叶	1片

调味酱汁

1. 面酱汁：

意式陈醋	1汤匙
橄榄油	2又1/2汤匙
盐	少许

2. 水果丁酱汁：

蜂蜜	1又1/2汤匙
柠檬汁	1/2汤匙

做法

❶ 荞麦面煮熟，浸泡冷水后捞起，加入意式陈醋、橄榄油和少许盐，将面条拌开。

❷ 在番茄底部用刀划十字，放入热水约10秒钟后去皮去籽并切成丁块。接着将苹果、水梨与猕猴桃切成小丁块并且淋上蜂蜜与柠檬汁备用。

❸ 在餐盘上铺上葡萄与【做法❷】水果丁酱汁，再放上面条，并且撒上果仁粒，最后再摆上一片薄荷叶即可。

主厨分享

这道凉面吃起来酸酸甜甜，在夏天吃很开胃。卷面小窍门：右手夹起适量的面条转动成卷，左手辅助捏紧。让每一夹的分量相近，才可以让面卷的尺寸一致，也较为美观。

料理提供 何岳宗

姜黄蔬菜卷

材料 / 4 人份

姜黄蔬食面	2束
苹果	200克
蕨菜（即过猫、过沟菜蕨）	200克
红萝卜	150克
春卷皮	8张
四张大海苔片切半	8片

做法

1. 姜黄面条煮熟后捞起，加入橄榄油与冬菜粉，拌均匀后放凉备用。
2. 红萝卜与苹果削皮后切成长条，再将红萝卜和过猫氽烫后，捞起备用。
3. 平铺春卷皮后，铺上海苔，摆上姜黄面，再将红萝卜、苹果条与过猫放置于中间，接着将春卷皮卷紧成圆筒状。最后切成大块放入餐盘。

调味料

橄榄油	2汤匙
蔬食料理粉（冬菜口味）	1汤匙

主厨分享

大部分的人会用饭做成寿司，但是我觉得姜黄面对身体健康有益，所以尝试用姜黄面做成春卷寿司。这样小卷小卷的姜黄面卷，吃起来很方便。

料理提供 陈贞吟

姜黄蔬菜卷

谷香好点心

一天的活力从早餐开始，当自制静思谷粉抹酱，遇上吐司、饼干、润饼、地瓜球、香积马卡龙，美妙的滋味，创意、惊奇谷香好点心！

静思谷粉系列产品

山药薏仁粉、二十二味五谷粉、薏豆粉、原味薏仁粉、麻芛薏仁粉、燕麦薏仁粉、糙米麸等。

每包容量400克至600克不等。

其他系列产品

生机坚果（综合）、生机果仁（腰果、杏仁果）、莓果干等。

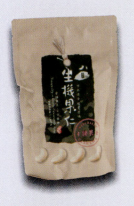  

美味加分

　　美好的一天从活力早餐开始，自制的静思谷粉抹酱是绝佳的选择。涂抹饼干，铺上水果片和坚果，又成了补充体力的好点心。满载谷香的地瓜球是不曾尝过的滋味，而一口咬下包着谷粉、果仁、莓果干和香蕉的润饼，更是生活中的大惊喜。香积马卡龙又是什么美妙滋味呢？"谷香好点心"——告诉您。

安心千层派

材料 / 4 人份

1. ┌ 无糖五谷粉 ……… 150克
   │ 低筋面粉 ………… 300克
   └ 水 ……………… 700毫升
2. 有糖五谷粉 ………… 100克
   冷开水 ……………… 55毫升
3. 麻芛薏仁粉 ………… 100克
   冷开水 ……………… 55毫升
4. 生机坚果（综合）…… 50克
   苹果 ………………… 半颗

做法

1. 将【材料❶】拌匀成面糊状，静置15分钟后，再取平底锅煎成圆形面皮备用。
2. 将【材料❷】和【材料❸】分别搅拌成五谷酱和麻芛薏仁酱。苹果切片泡盐水，坚果压碎或用果汁机打碎备用。
3. 取【做法❶】面皮一片，抹上五谷酱当底层；覆盖第二层面皮，抹上麻芛薏仁酱；第三层面皮上抹五谷酱后，再铺上一层苹果片；第四层面皮抹上麻芛薏仁酱；第五层面皮抹五谷酱；第六层面皮抹麻芛薏仁酱，最后再撒上碎坚果。放入冰箱冰镇后更可口。

小窍门

制作完成的安心千层派立刻放冰箱冷藏，抹酱就不会渗入派皮，吃起来更加爽口。

主厨分享

一般的千层派涂抹大量奶油，较油腻。这道以谷粉为食材的千层派清爽又营养，吃了令人安心。适合当早餐或点心，是富有活力的餐点。

料理提供 方明珠

可口合心饼

 材料 / 4 人份

薏豆粉⋯⋯⋯⋯⋯120克
五谷粉⋯⋯⋯⋯⋯120克
温开水⋯⋯⋯⋯⋯120毫升
苹果⋯⋯⋯⋯⋯⋯2颗
猕猴桃⋯⋯⋯⋯⋯6颗
蔓越莓干⋯⋯⋯⋯少量
黑糖薄饼⋯⋯⋯⋯3盒
海苔薄饼⋯⋯⋯⋯3盒
素香松⋯⋯⋯⋯⋯5克

 做法

❶ 将苹果及猕猴桃削皮,切薄片备用。
❷ 薏豆粉、五谷粉混合,加温开水搅拌均匀。
❸ 黑糖薄饼涂上【做法❷】料,再铺上苹果片、猕猴桃片及蔓越莓干。
❹ 海苔薄饼涂上【做法❷】料,上面再铺上素香松。

主厨分享
单吃饼干会觉得太甜,搭配水果口感更好,对于不喜欢吃水果的孩子,更具有吸引力。水果可依季节做变化,用薏豆粉和五谷粉做成的抹酱,吃点心也可以吃得很营养健康。

料理提供 林惠珠

可口合心饼

五薏果仁香蕉卷

材料 / 4 人份

生机果仁（综合）⋯⋯⋯50克

五谷粉⋯⋯⋯⋯⋯⋯⋯⋯2汤匙

薏豆粉⋯⋯⋯⋯⋯⋯⋯⋯2汤匙

蔓越莓干⋯⋯⋯⋯⋯⋯⋯适量

熟香蕉⋯⋯⋯⋯⋯⋯⋯2~3根

润饼皮⋯⋯⋯⋯⋯⋯⋯⋯10张

做法

❶ 将生机果仁打成碎粒状，再加入薏豆粉、五谷粉搅拌后备用。

❷ 香蕉切成 1/4 条状备用。

❸ 润饼皮置于盘中，将所有材料一层一层铺上。可先撒上【做法❶】，再铺上香蕉和蔓越莓干，最后撒上一层【做法❶】即可包卷起来食用。

主厨分享

用精选大地谷物精华制成的五谷粉和薏豆粉，加上生机果仁，取代传统花生粉，不仅为润饼带来奇特的风味，更不用担心黄曲霉毒素。搭配静思茶饮就是最佳茶点。

料理提供 方秀珍

吉祥如意糕

材料 / 4 人份

薏豆粉（或无糖五谷粉）·160克

山药薏仁粉···············80克

燕麦薏仁粉···············80克

有机冷压椰子油···········30克
（不可用氢化油）

做法

❶ 将薏豆粉（或无糖五谷粉）、山药薏仁粉、燕麦薏仁粉倒入锅中拌匀。

❷ 将椰子油隔水加热回温，再倒入已混合好的【做法❶】充分搅拌均匀。

❸ 取一巧克力模型，将【做法❷】的材料一一填入模型，抹平压实，再置入冰箱冷藏降温，待结成块状。

❹ 成品自模型扣出后，装在保鲜盒冷藏，可搭配茶饮或咖啡当茶食点心。

主厨分享
这道糕点简单易做，不需使用烤箱，人人都可轻易上手。不仅保存谷粉既有的营养，而且清爽可口、不油腻，但不宜在常温中放置太久，否则会变得松软，影响口感。

料理提供 陈立寿

香甜夹心饼

 ### 材料 / 4 人份

地瓜（黄肉）……………120克

五谷粉………………………100克

可可粉………………………100克

静思饼干……………………40片

冷开水………………………适量

 ### 做法

❶ 地瓜蒸熟后，压成泥状。

❷ 将五谷粉、可可粉加入【做法❶】，再加水拌匀，即成内馅备用。

❸ 取一片静思饼干，涂抹内馅，再取一片覆盖。

主厨分享

地瓜富有纤维质，可可粉抗氧化，五谷粉营养又健康，此道点心老少咸宜。尤其适合搭配茶饮食用，或作为孩童下课后的餐点。制作方式简单，可增加亲子互动。

料理提供 魏秀云

麻芛坚果冻

材料 / 4 人份

麻芛纯粉……………………5克
吉利T（植物胶）………35克
细砂糖……………………100克
蜂蜜…………………………30克
水………………………1000毫升
生机果仁（综合）………适量

做法

① 将细砂糖与吉利T倒入碗内，搅拌均匀，再用小网子过滤杂质后备用。

② 在锅内加入1000毫升的水，煮滚后加入细砂糖与吉利T搅拌均匀。取一个碗，将麻芛粉倒入，加入100毫升的水与蜂蜜，搅拌均匀后倒入锅内。

③ 等【做法❷】的果冻液稍微变凉后，倒入果冻杯内，再铺上腰果、杏仁果与夏威夷豆。大约5分钟后，待液体结成果冻状即可。

主厨分享

这一道点心也可以用各式水果丁取代果仁，风味多样化。麻芛含胡萝卜素，维生素B1、B2，可提升免疫力，更是预防心血管疾病的天然食物。吉利T是植物胶，而吉利丁是动物胶，大家在购买的时候请特别注意一下喔！

料理提供 林美丽

麻芛坚果冻 79

谷香珍珠薯

 材料 / 4 人份

紫地瓜……………………300克
腰果………………………适量
有糖五谷粉………………1汤匙
山药薏仁粉………………2汤匙
燕麦薏仁粉………………2汤匙
生机果仁（腰果）………适量
椰子粉……………………适量

 做法

1. 将紫地瓜去皮、切片、蒸熟、压成泥。腰果切碎丁。
2. 紫地瓜泥趁热倒入三种谷粉，充分拌匀后放凉。
3. 将生机果仁放入【做法 ❷】的紫地瓜泥中拌匀，再搓成小球状。
4. 沾裹椰子粉即可食用。

主厨分享

因为想减少食物运输里程，所以用当地、当季的食材来搭配静思人文产品，人人都可以方便购买的营养食材。

料理提供 黄素玫

谷香珍珠薯　81

五谷翠玉棒

材料 / 4 人份

西洋芹……………………3大片
生机果仁（腰果）………2汤匙
无糖五谷粉………250克（1碗）
温开水……………………适量

做法

1. 西洋芹洗净剥除表皮较粗的纤维，切约10公分长，汆烫后冰镇。将腰果压碎备用。
2. 五谷粉与温开水拌匀成糊状后，加入盐和黑胡椒调味。
3. 在西洋芹凹槽部分放入调好的谷粉糊【做法❷】，再撒上碎腰果粒即可。

调味料

盐……………………………少许
黑胡椒………………………少许

主厨分享
西洋芹清脆爽口，富高纤，可降血脂、血压。这道清爽又无负担的料理不仅有饱足感，还可让身心灵环保。冰镇后口感更佳。

料理提供 陈阮专

五谷翠玉棒 83

香积马卡龙

材料 / 4 人份

香积饭（红豆口味）	1 份
（含蔬菜包，不需调味包）	
地瓜	100 克
生机果仁（综合）	适量
热开水	120 毫升
黑糖	1 汤匙
无蛋沙拉酱	适量

做法

❶ 地瓜削皮，切小块蒸熟，压成泥、整平。待凉后压成圆形。

❷ 取 1 汤匙黑糖加入 120 毫升热开水，制成黑糖水。

❸ 将干燥蔬菜包及干燥饭加入黑糖水中，加盖静置 20 分钟后，再将已泡熟的香积饭放凉，接着整平、用圆模压成圆形。

❹ 将【做法 ❶】的地瓜放在【做法 ❸】的红豆饭上，组合成马卡龙。地瓜上面挤少许无蛋沙拉酱，作为黏着剂，最后再将坚果点缀其上。

主厨分享

运用地瓜搭配红豆饭，加上坚果，既出色又养生。采用目前流行的马卡龙点心方式呈现这道中式料理，希望大家会喜欢。

料理提供 邱秀蓁

三色养生馒头

材料 / 4人份

中筋面粉	600克
水或鲜奶	250克
酵母粉	6克
细砂糖	50克
南瓜（小颗）	1颗
蔬食料理粉（咖喱口味）	1汤匙
麻荐纯粉	1汤匙
五谷粉	1汤匙
生机果仁（综合）	适量

做法

1. 南瓜洗净，将南瓜皮削起来半厘米，一直重复削半厘米南瓜皮，直到整颗南瓜的皮都削完；将南瓜皮丁放容器内备用。
2. 将南瓜肉放入电锅，外锅加入一杯水蒸熟后备用。
3. 将酵母粉与温水混合均匀（请参照酵母粉包装说明）。在搅拌容器内加入面粉、砂糖、咖喱粉、南瓜肉与调和好的酵母。再缓缓加入水或鲜奶，也可以加入一点食用油，用手将所有食材揉成面团，再加入削好的南瓜皮丁一起揉成不粘手的面团。
4. 在放置面团的锅子上盖上一块湿布，让面团发酵（大约40～60分钟）。
5. 揉几下面团后，将它切成大块，揉成长条，再切适量塑形成小馒头面团。
6. 在每个馒头面团下放置蒸笼纸后放入蒸锅，静置30～60分钟，等面团发酵成原本体积的一到两倍大（冬天发酵时间可能要延长1.5至2小时）。
7. 用中火蒸【做法❻】馒头面团约15分钟后熄火，续闷3～5分钟再掀盖取出即可。

主厨分享

将咖喱粉更换为麻荐粉，用生机果仁取代南瓜丁，就可做成麻荐坚果馒头。若将咖喱粉更换为五谷粉，用蔓越莓取代南瓜丁，就可做成蔓越莓馒头。

料理提供 吴贞惠

三色养生馒头

新鲜芒果布丁

 ### 材料 / 4 人份

水·················400毫升
薏仁粉·············160克
吉利T··············8克
糖·················20克
大芒果·············1颗
冷开水（打芒果泥用）··20毫升

 ### 做法

1. 整颗芒果一半切成小丁块，另一半加水打成芒果泥备用。
2. 400毫升水煮开后放入薏仁粉搅拌，接着加入吉利T、糖。
3. 趁材料还未凝固时，尽快淋上芒果泥。盛杯时加入芒果丁，也可放花朵或叶片做装饰。冷藏后风味更佳。

小窍门

薏仁粉可换成五谷粉；鲜奶（120毫升）可代替芒果泥，比例做法一样，又是另一种不同风味的点心。

 ### 主厨分享

夏季是芒果盛产期，便宜又好吃。将芒果打成果汁，运用它香甜浓郁的气味提升薏仁粉的口感，做成果冻，滑溜、顺口又营养，是非常受欢迎的甜点。薏仁芒果冻制作方法简单，一学就上手，成功率高。

料理提供 苏月娥

新鲜芒果布丁

经典主菜好汤品

蔬食料理粉,让食盐和味精都退位,让一锅清汤变成美味高汤!炒菜、煮汤、煮火锅,清香鲜甜!冬菜粉、牛蒡粉、薏仁粉、咖喱粉,食指大动的飨宴!

静思调理粉系列产品

泰式酸辣、咖喱、冬菜口味

营养美味加分产品

牛蒡纯粉、麻芛纯粉

美味加分

一锅清汤变成美味高汤？秘诀就在一小匙的冬菜料理粉！炒菜、煮汤、煮火锅，加入少许冬菜粉替代食盐及味精，味道变得清香鲜甜。静思蔬食料理粉采用天然食材配方，是烹调菜肴的最佳调味品。

加了牛蒡粉的汤品竟然有"幸福一级蒡"的感动。当蘑菇遇上薏仁粉，如何变化出意式浓汤？而加了咖喱料理粉的南瓜盅又为何令人食指大动？答案都在"经典主菜好汤品"里。

法式浓汤

材料 / 1 人份

薏仁粉（无糖）··········40克
鲜奶···················160毫升
水····················60毫升
绿色花椰菜············6小朵

做法

① 绿色花椰菜烫熟后捞起，放凉后放入冰箱备用。
② 将薏仁粉与咖喱粉倒入容器内，加入水搅拌均匀，再加入鲜奶。
③ 将【做法②】的咖喱牛奶浓汤倒入汤锅内，用小火加温至微温后加上绿色花椰菜即可。

调味料

蔬食料理粉（咖喱口味）···20克

主厨分享

利用静思产品在家就可以很简易地制作好吃的料理，营养均衡又养生。汤锅内加入鲜奶会容易粘锅，所以需要以小火慢煮并且不断地搅拌。

料理提供 陈惠蓉

幸福元气一级莠

材料 / 4 人份

牛蒡	半条
素丸子	4粒
干香菇	5~6朵
素羊肉	100克
美白菇（或金针菇、鸿喜菇）	150克
红枣	5~6粒
枸杞	1汤匙
黄金牛蒡片	数片

做法

1. 将牛蒡洗净切成长条，素丸子切丁备用。
2. 香菇先泡软挤干、切片，再加入1000毫升的水，用小火煮并且加入牛蒡粉。
3. 加入牛蒡条，煮熟后再放入红枣、美白菇、素羊肉片，最后加入素丸子丁与适量胡椒粉。
4. 将牛蒡汤盛入汤碗内，再放上几片牛蒡片即可。

调味料

牛蒡纯粉	3汤匙
胡椒粉	少许

主厨分享

爱心加上料理让幸福元气都一级棒！很多人不喜欢吃牛蒡，但是如果我们能煮出很美味的牛蒡料理，就能让更多人享用这道健康的素食。

料理提供 高甄璘

黄金翡翠煲

 材料 / 4 人份

甘薯·················3条
海苔丝···············少许

 调味料

麻芛纯粉·············3茶匙
盐···················少许

 做法

❶ 将甘薯去皮切滚刀块（将甘薯平放于砧板上，将刀拿斜的方向，一边切一边滚动甘薯，甘薯就会呈现块状，再回到原来的位置，重复这个动作）。

❷ 将甘薯块浸泡在盐水中数分钟。

❸ 汤锅内放 5 碗水，煮滚并且加入甘薯块。

❹ 加入麻芛纯粉搅拌均匀，加少许盐，再撒上海苔丝即可。

主厨分享
甘薯切滚刀块后，泡在盐水中可以防止甘薯黑掉。可以同时使用两种不同的甘薯，丰富视觉与味觉。

料理提供 陈美容

黄金翡翠煲

意式蘑菇浓汤

材料 / 4 人份

原味薏仁粉	4汤匙
面粉	4汤匙
鲜奶	650毫升
水	550毫升
洋菇	20粒
菜脯香酥	少许

做法

1. 在锅内加入面粉炒香后盛入碗内，再将薏仁粉倒入锅内炒香后，盛入同一个碗内拌均匀。
2. 洋菇烫熟后切小片备用。
3. 在锅内加入水与鲜奶煮滚，再加入【做法 ❶】混合好的面粉与薏仁粉，用打蛋器搅拌均匀。接着加入牛蒡粉、冬菜粉与糖，最后再撒上菜脯香酥即可。

调味料

牛蒡纯粉	1茶匙
蔬食料理粉（冬菜口味）	少许
糖	2茶匙

主厨分享

炒香谷粉就可以做成浓汤。薏仁粉、面粉炒香后，就有面茶香气，加上鲜奶、冬菜粉、牛蒡粉，再加上菜脯香酥调味后，呈现欧式香醇浓汤的风味。在享用这道浓汤时，还可以加入黑胡椒提味。

料理提供　陈鸿章

意式蘑菇浓汤　99

菇菇好彩头汤

材料 / 4 人份

干香菇	5朵
白萝卜	1条
红萝卜	半条
杏鲍菇	2条
姜片	数片

做法

1. 香菇先泡软、挤干切片，白萝卜与红萝卜切小块，杏鲍菇切块，姜切片备用。
2. 起油锅，以少许油爆香姜片及香菇，再加入大约13碗的水，煮到水滚。
3. 将白萝卜、红萝卜块与杏鲍菇一起放入锅中煮熟，起锅前再加入冬菜粉拌均匀即可。

调味料

蔬食料理粉（冬菜口味）	2茶匙
食用油	少许

主厨分享

这道汤肴食材采购方便，碰到台风季节不怕菜叶类涨价。冬菜料理粉2小匙，将一锅清汤变成美味高汤，香气十足，让忙碌的上班族下厨轻松又兼顾营养。

料理提供　陈丽华

双菇蔬食拼盘

材料 / 4 人份

新鲜香菇…………………小朵10朵
紫山药……………………150克
红萝卜……………………1条
秋葵………………………10支
杏鲍菇……………………中型5条
牛蒡………………………1支

调味料

蔬食料理粉（冬菜口味）·1茶匙

卤汁材料

蔬食料理粉（咖喱口味）··1汤匙
酱油………………………1汤匙
冰糖………………………少许

蘸酱材料

泰式酸辣粉………………1/2汤匙
五谷粉……………………1/2汤匙
原味薏仁粉………………1/2汤匙
橄榄油……………………少许
味淋………………………少许
生机果仁…………………少许

做法

1. 在锅内倒入600毫升的水煮滚，并且加入冬菜料理粉。
2. 将红萝卜洗净切块，再将红萝卜块、鲜香菇、秋葵与杏鲍菇放入汤锅内汆烫放凉，紫山药切丁、蒸熟，放入冰箱备用。
3. 将咖喱料理粉、酱油与少许冰糖加入适量水煮成卤汁。将牛蒡洗净后切段再放入卤汁内卤到入味（卤汁适量，盖过牛蒡的高度即可）。
4. 将泰式酸辣粉、五谷粉、薏仁粉加入50毫升的水搅拌均匀，再加入少许橄榄油、味淋及生机果仁，即成为冰镇鲜香菇、红萝卜、秋葵与杏鲍菇的蘸酱。

主厨分享

这道菜的发想来自于，有一次临时有客人来家里，于是把冰箱的菜清一清做成拼盘，宾主尽欢而且毫不浪费食材。

料理提供 徐秀菁

双菇蔬食拼盘 103

心包太虚南瓜盅

材料 / 4 人份

南瓜	1颗
洋菇	150克
猴头菇	150克
杏鲍菇	150克
番茄	3颗
莲子	100克
腰果	100克

调味料

蔬食料理粉（咖喱口味）‥30克

做法

1. 番茄洗净切成丁，并且将猴头菇与杏鲍菇切块备用。
2. 南瓜洗净后，用小刀在南瓜顶部切下盖子，然后用勺子挖出内部的南瓜籽后备用。
3. 起油锅，将洋菇、猴头菇与杏鲍菇放入锅内炒1至2分钟后捞起，接着用热水将莲子与腰果煮软备用。
4. 在炒锅内加入【做法 ❸】料一起炒香，然后加入咖喱粉拌均匀。
5. 将所有食材放入南瓜盅内，在最上层铺上番茄丁与腰果，将南瓜盅放入电锅中，加大约三杯水，将南瓜盅蒸熟即可。

主厨分享

咖喱可促进消化、增加食欲、驱湿散寒，富含姜黄，可防失智症。南瓜盅内含数种食材，有容乃大，就如人之心胸宽大、心包太虚，故以此命名。

料理提供 林美丽

心包太虚南瓜盅

香积菩萨云来集

在日本311灾区，奉上第一碗热食；在美国，就着手电筒微光，为桑迪风灾受苦民众烹煮食物；在大陆，四川大地震灾区帐棚下舞动锅镬……无数慈济香积志工的手串联，守护着需要帮助的人们。

这一天，他们洗手做羹汤，为推广健康素食显手艺、展笑颜……

图书在版编目(CIP)数据

41 道健康素食轻松煮——善粮创意料理系列 1/慈济志工团队编著. —上海：复旦大学出版社,2014.4(2022.1 重印)
 ISBN 978-7-309-10472-1

Ⅰ.4… Ⅱ.慈… Ⅲ.素菜-菜谱 Ⅳ.TS972.123

中国版本图书馆 CIP 数据核字(2014)第 059439 号

原版权所有者：静思人文志业股份有限公司授权复旦大学出版社出版发行简体字版

慈济全球信息网：http://www.tzuchi.org.tw/
静思书轩网址：http://www.jingsi.com.tw/
苏州静思书轩：http://www.jingsi.js.cn/

41 道健康素食轻松煮——善粮创意料理系列 1
慈济志工团队　编著
责任编辑/邵　丹
封面设计/林乐娟　蔡敏倩
美术编辑/林乐娟
摄　　影/白昆延
静思精舍景观摄影/陈友朋　萧锦潭　江柏宏　萧嘉明　游锡璋　周幸弘　徐璟宜
图像提供/慈济人文志业发展处

复旦大学出版社有限公司出版发行
上海市国权路 579 号　邮编：200433
网址：fupnet@fudanpress.com　http://www.fudanpress.com
门市零售：86-21-65102580　团体订购：86-21-65104505
出版部电话：86-21-65642845
常熟市华顺印刷有限公司

开本 787×1092　1/16　印张 6.75　字数 120 千
2022 年 1 月第 1 版第 3 次印刷
印数 7 201—8 800

ISBN 978-7-309-10472-1/T·503
定价：35.00 元

如有印装质量问题,请向复旦大学出版社有限公司出版部调换。
版权所有　　侵权必究